Pooja Vats

# O Universo Multifractal

Pooja Vats

# O Universo Multifractal

ScienciaScripts

**Imprint**

Any brand names and product names mentioned in this book are subject to trademark, brand or patent protection and are trademarks or registered trademarks of their respective holders. The use of brand names, product names, common names, trade names, product descriptions etc. even without a particular marking in this work is in no way to be construed to mean that such names may be regarded as unrestricted in respect of trademark and brand protection legislation and could thus be used by anyone.

Cover image: www.ingimage.com

This book is a translation from the original published under ISBN 978-620-6-73905-0.

Publisher:
Sciencia Scripts
is a trademark of
Dodo Books Indian Ocean Ltd. and OmniScriptum S.R.L publishing group

120 High Road, East Finchley, London, N2 9ED, United Kingdom
Str. Armeneasca 28/1, office 1, Chisinau MD-2012, Republic of Moldova, Europe
Printed at: see last page
ISBN: 978-620-7-74000-0

# O Universo Multifractal

Por

## Dr. POOJA VATS

Universidade K.R. Mangalam, Gurugram, Haryana-122103, Índia

# PREFÁCIO

Bem-vindo a "O Universo Multifractal". Este livro convida-o a viajar pelo fascinante mundo da multifractalidade, onde padrões de complexidade emergem da interação de regras simples, moldando o tecido do universo.

Na nossa exploração, mergulhamos na intrincada tapeçaria da natureza, onde fenómenos aparentemente caóticos revelam ordem e estrutura subjacentes. Desde a ramificação dos rios até às convoluções do cérebro, desde a formação das galáxias até ao crescimento dos ecossistemas, os multifractais oferecem uma lente através da qual podemos compreender melhor a beleza e a complexidade do nosso mundo.

Mas porquê multifractais? Embora o estudo dos fractais tenha fascinado cientistas e artistas durante décadas, é a extensão aos multifractais que revela verdadeiramente a riqueza da complexidade da natureza. Ao contrário dos fractais, que exibem auto-similaridade a todas as escalas, os multifractais revelam uma hierarquia de expoentes de escala, captando a natureza multifacetada dos sistemas naturais.

Este livro destina-se a mentes curiosas, desejosas de explorar a interação entre ordem e caos, simplicidade e complexidade, no mundo natural. Quer seja um investigador experiente, um estudante à procura de inspiração ou simplesmente um entusiasta com uma paixão pela ciência e pela natureza, há aqui algo para si.

Cada capítulo guia-o através de um aspeto diferente da multifractalidade, desde os seus fundamentos matemáticos até às suas manifestações em diversos campos, como a geologia, a biologia, a cosmologia e muito mais. Ao longo do percurso, encontraremos o trabalho inovador de pioneiros como Benoit Mandelbrot, exploraremos a dinâmica dos sistemas complexos e contemplaremos as implicações dos padrões multifractais para a nossa compreensão do universo.

Ao embarcarmos juntos nesta viagem, convido-o a abraçar a maravilha da descoberta, a maravilhar-se com a elegância do design da natureza e a ponderar os mistérios que estão para além da nossa compreensão atual. Que este livro o inspire a ver o mundo com novos olhos e a apreciar a beleza multifractal que nos rodeia.

Obrigado por se juntarem a mim nesta exploração do universo multifractal.

Saudações calorosas

Dr. Pooja Vats

# Índice

# Capítulo 1: Introdução à Multifractalidade

## 1.1 Definição de multifractalidade

A multifractalidade é um conceito enraizado na exploração de sistemas complexos, oferecendo uma compreensão matizada dos padrões e estruturas intrincados que permeiam a natureza. Na sua essência, a multifractalidade alarga a noção de fractais, incorporando uma hierarquia de expoentes de escala que captam a natureza multifacetada dos fenómenos naturais.

Os fractais, introduzidos pela primeira vez pelo matemático Benoit Mandelbrot na década de 1970, são formas geométricas caracterizadas pela auto-similaridade a todas as escalas. Isto significa que quando aumentamos ou diminuímos o zoom num fractal, encontramos padrões semelhantes que se repetem. O exemplo clássico é o próprio conjunto de Mandelbrot, onde o zoom revela cópias mais pequenas da forma geral.

No entanto, muitos sistemas naturais apresentam uma complexidade que não pode ser totalmente captada por estruturas fractais simples. A multifractalidade surge quando diferentes partes de um sistema apresentam comportamentos de escala distintos, conduzindo a um espetro de expoentes de escala em vez de um valor único. Este fenómeno é particularmente evidente em sistemas com múltiplos componentes que interagem entre si ou com uma organização hierárquica.

Um aspeto fundamental dos multifractais é a sua capacidade de descrever a distribuição de flutuações ou irregularidades num sistema. Enquanto os fractais são excelentes na captação da forma ou estrutura global de um objeto, os multifractais fornecem uma visão da variabilidade e complexidade inerentes aos padrões naturais. Esta variabilidade reflecte-se no espetro multifractal, que caracteriza a forma como diferentes partes de um sistema contribuem para a sua complexidade global.

Na sua essência, a multifractalidade reconhece que a beleza da natureza não reside apenas nas suas estruturas auto-similares, mas também na diversidade e riqueza das suas formas. Desde a ramificação das árvores até ao agrupamento de galáxias, desde a dinâmica de fluxos turbulentos até às flutuações dos mercados financeiros, os multifractais oferecem um quadro versátil para compreender a natureza multifacetada do universo.

Nas páginas que se seguem, vamos explorar os fundamentos matemáticos da multifractalidade, examinar as suas manifestações em vários campos da ciência e contemplar as suas implicações para a nossa compreensão dos sistemas complexos. Através desta viagem, pretendemos desvendar os mistérios da complexidade da natureza e apreciar a beleza dos padrões multifractais que nos rodeiam.

## 1.2 Antecedentes históricos

As raízes da multifractalidade remontam ao trabalho pioneiro de matemáticos e cientistas que procuraram compreender as estruturas e dinâmicas complexas observadas nos fenómenos naturais. Embora o conceito de fractais, introduzido por Benoit Mandelbrot na década de 1970, tenha lançado as bases para a compreensão dos padrões auto-similares, foi a extensão aos multifractais que expandiu verdadeiramente a nossa compreensão da complexidade na natureza.

O trabalho seminal de Benoit Mandelbrot, "The Fractal Geometry of Nature", publicado em 1982, apresentou ao mundo o conceito de fractais como forma de descrever formas e estruturas irregulares com auto-similaridade a diferentes escalas. Os conhecimentos de Mandelbrot revolucionaram campos que vão desde a matemática à biologia, geologia e arte, inspirando os investigadores a explorar a natureza fractal de diversos sistemas.

À medida que os cientistas se aprofundavam no estudo dos sistemas complexos, começaram a encontrar fenómenos que desafiavam as descrições fractais simples. Estes sistemas apresentavam uma hierarquia de expoentes de escala, indicando que diferentes partes do sistema se comportavam de forma diferente em termos da sua dimensionalidade fractal. Foi no final dos anos 80 e início dos anos 90 que o conceito de multifractal começou a surgir como forma de captar esta complexidade multifacetada.

Uma das figuras-chave no desenvolvimento da teoria multifractal foi o físico Yves Pomeau, que, juntamente com os seus colegas, foi pioneiro na aplicação da análise multifractal aos fluxos turbulentos na dinâmica dos fluidos. O seu trabalho revelou a presença de espectros multifractais em sistemas turbulentos, proporcionando novas perspectivas sobre a estrutura e a dinâmica da turbulência dos fluidos.

Paralelamente, investigadores de áreas como a geofísica, a meteorologia e as finanças começaram a explorar a natureza multifractal dos respectivos sistemas. Os estudos das formações geológicas, dos padrões meteorológicos e dos mercados financeiros revelaram assinaturas multifractais que realçavam a variabilidade e a complexidade inerentes a estes sistemas.

O desenvolvimento de técnicas de análise multifractal, como a transformada wavelet e o formalismo multifractal, impulsionou ainda mais a investigação neste domínio, permitindo aos cientistas quantificar e caraterizar padrões multifractais numa vasta gama de fenómenos. Atualmente, os multifractais são reconhecidos como uma ferramenta poderosa para o estudo de sistemas complexos em várias disciplinas, desde a física e a biologia até à economia e muito mais.

Ao embarcarmos na nossa viagem pelo universo multifractal, é essencial apreciar o contexto histórico em que este conceito surgiu. A evolução da teoria multifractal reflecte uma compreensão cada vez mais profunda da complexidade inerente aos sistemas naturais e a procura contínua de desvendar os mistérios do universo.

## 1.3 Importância dos Multifractais na Natureza

Os multifractais desempenham um papel fundamental na nossa compreensão da complexidade e beleza inerentes aos sistemas naturais. Oferecem uma estrutura versátil para descrever a grande variedade de padrões e estruturas observados em diferentes escalas e disciplinas. Eis algumas das principais razões pelas quais os multifractais são cruciais para a compreensão da natureza:

- **Capturando a complexidade:** Os sistemas naturais exibem uma diversidade notável de formas, estruturas e comportamentos que não podem ser totalmente descritos por modelos fractais simples. Os multifractais fornecem uma representação mais matizada desta complexidade, captando a variabilidade e a heterogeneidade inerentes aos padrões naturais. Desde a intrincada ramificação das árvores até às formas complicadas das linhas costeiras, os multifractais oferecem uma ferramenta poderosa para caraterizar a natureza multifacetada do universo.

- **Revelar a ordem oculta:** Embora muitos fenómenos naturais possam parecer caóticos ou aleatórios à primeira vista, a análise multifractal revela frequentemente a ordem e a estrutura subjacentes. Ao quantificar a

O Universo Multifractal

distribuição de flutuações ou irregularidades num sistema, os multifractais ajudam a revelar padrões e correlações ocultos que, de outra forma, poderiam passar despercebidos. Esta compreensão mais profunda da ordem subjacente pode esclarecer os mecanismos subjacentes que conduzem a processos complexos, desde fluxos turbulentos a dinâmicas biológicas.

- **Explorando a invariância de escala:** Uma das características que definem os multifractais é a sua invariância de escala, o que significa que os padrões e estruturas permanecem semelhantes em diferentes escalas de observação. Esta propriedade permite aos investigadores estudar sistemas naturais a vários níveis de ampliação, do microscópico ao macroscópico, sem perder de vista os padrões subjacentes. Ao revelar as propriedades de escala dos sistemas complexos, os multifractais fornecem informações sobre os princípios de auto-organização que regem o seu comportamento.

- **Ligar as disciplinas:** Os multifractais oferecem uma linguagem comum para a investigação interdisciplinar, fazendo a ponte entre diferentes campos da ciência e promovendo a colaboração entre disciplinas. Quer estudem formações geológicas, redes biológicas ou mercados financeiros, os investigadores podem aplicar técnicas de análise multifractal para obter novos conhecimentos sobre sistemas complexos. Esta abordagem interdisciplinar facilita uma compreensão mais holística das interacções multifacetadas que moldam o mundo natural.

- **Prever e gerir a complexidade:** A compreensão da natureza multifractal dos sistemas naturais pode ter implicações práticas na previsão e gestão de fenómenos complexos. Ao identificar as assinaturas características da multifractalidade, como os expoentes de escala e os espectros de singularidade, os investigadores podem desenvolver modelos de previsão e estratégias para lidar com sistemas complexos. Desde a previsão meteorológica à gestão ecológica, a análise multifractal oferece ferramentas valiosas para enfrentar os desafios do mundo real.

# Capítulo 2: Fundamentos dos Multifractais

## 2.1 Fractais vs. Multifractais

Fractais e multifractais são ambos conceitos matemáticos utilizados para descrever padrões e estruturas complexas na natureza, mas diferem nas suas abordagens para captar e compreender esta complexidade.

### Fractais:

- Os fractais são formas ou estruturas geométricas que apresentam auto-similaridade a diferentes escalas. Isto significa que quando se faz zoom in ou out num fractal, encontram-se padrões semelhantes que se repetem.

- O conceito de fractais foi popularizado pelo matemático Benoit Mandelbrot na década de 1970 através da sua obra seminal "A Geometria Fractal da Natureza".

- Os fractais são caracterizados por um único expoente de escala, conhecido como dimensão fractal, que quantifica o grau de auto-similaridade dentro da estrutura. Os fractais apresentam normalmente uma dimensão fractal constante em todas as escalas.

- Os exemplos clássicos de fractais incluem o conjunto de Mandelbrot, o floco de neve de Koch e o triângulo de Sierpinski.

### Multifractais:

- Os multifractais alargam o conceito de fractais, reconhecendo que muitos sistemas naturais apresentam uma variabilidade e complexidade que não podem ser totalmente captadas por um único expoente de escala.

- Ao contrário dos fractais, que têm uma dimensão fractal constante, os multifractais têm um espetro de expoentes de escala. Este espetro descreve a forma como diferentes partes de um sistema contribuem para a sua complexidade global.

- Os multifractais surgem em sistemas com múltiplos componentes em interação, organização hierárquica ou heterogeneidade espacial.

- As técnicas de análise multifractal, como a transformada wavelet e o formalismo multifractal, permitem aos investigadores quantificar e caraterizar as propriedades multifractais de sistemas complexos.

- Os multifractais têm sido aplicados a uma vasta gama de fenómenos, incluindo fluxos turbulentos, formações geológicas, sistemas biológicos e mercados financeiros.

## 2.2 Conceitos básicos e matemática

Para compreender a multifractalidade, é essencial compreender alguns conceitos fundamentais e princípios matemáticos subjacentes à sua análise. Nesta secção, vamos delinear as ideias-chave e as ferramentas matemáticas normalmente utilizadas na análise multifractal.

### 2.2.1 Escalonamento e auto-similaridade:

- A escala refere-se à relação entre o tamanho ou a magnitude de um objeto ou fenómeno e as suas propriedades ou comportamentos correspondentes.

- A auto-similaridade descreve a propriedade de uma estrutura em que as partes mais pequenas se assemelham ao todo, repetindo padrões a diferentes escalas.

- Os fractais apresentam auto-similaridade, o que significa que são semelhantes em vários níveis de ampliação.

### 2.2.2 Dimensão Fractal:

- A dimensão fractal é uma medida da "rugosidade" ou "complexidade" de uma estrutura fractal.

- Ao contrário dos objectos euclidianos, que têm dimensões inteiras (por exemplo, uma linha tem dimensão 1, um plano tem dimensão 2), os fractais podem ter dimensões não inteiras.

- A dimensão fractal quantifica a forma como o detalhe de um padrão fractal aumenta à medida que a escala de medição muda.

- Por exemplo, a dimensão fractal do floco de neve de Koch, um fractal clássico, é superior a 1 mas inferior a 2, o que indica a sua natureza complexa e de preenchimento de espaço.

### 2.2.3 Espectro multifractal:

- A análise multifractal vai além das simples dimensões fractais para captar a variabilidade e a heterogeneidade de um sistema complexo.

- Em vez de um único expoente de escala, os multifractais apresentam um espetro de expoentes de escala que descrevem a forma como diferentes partes do sistema contribuem para a sua complexidade global.

- O espetro multifractal caracteriza a distribuição destes expoentes de escala, fornecendo informações sobre a distribuição espacial de flutuações ou irregularidades no sistema.

- O espetro pode ser visualizado como um gráfico, onde o eixo x representa a força da singularidade (relacionada com o comportamento local do sistema), e o eixo y representa o expoente da singularidade (relacionado com o comportamento de escala).

### 2.2.4 Transformada Wavelet:

- A transformada wavelet é uma ferramenta matemática utilizada para analisar sinais ou funções em diferentes escalas.

- Ao contrário da transformada de Fourier, que decompõe um sinal em componentes sinusoidais de diferentes frequências, a transformada wavelet decompõe um sinal em wavelets localizadas que são adequadas para captar irregularidades e descontinuidades.

- Os métodos baseados em wavelets são normalmente utilizados na análise multifractal para quantificar as propriedades de escala de sinais ou conjuntos de dados complexos.

### 2.2.5 Formalismo multifractal:

- O formalismo multifractal é uma estrutura para caraterizar padrões multifractais nos dados.

- Envolve técnicas para estimar o espetro multifractal a partir de dados empíricos, normalmente através de um processo de partição dos dados em subconjuntos e do cálculo dos expoentes de escala para cada subconjunto.

- O formalismo multifractal fornece uma abordagem sistemática para analisar as propriedades multifractais de diversos sistemas, desde fenómenos naturais a conjuntos de dados complexos.

## 2.3 Escalonamento e auto-similaridade

O Universo Multifractal

O escalonamento e a auto-similaridade são conceitos fundamentais no estudo dos fractais e multifractais, fornecendo uma visão dos padrões e estruturas repetitivos observados na natureza em diferentes escalas. Vamos aprofundar estes conceitos:

### 2.3.1 Escalonamento:

- A escala refere-se à relação entre o tamanho ou a magnitude de um objeto ou fenómeno e as suas propriedades ou comportamentos correspondentes.

- No contexto dos fractais e multifractais, o escalonamento envolve frequentemente a observação da forma como as características de um sistema mudam à medida que a escala de medição é alterada.

- Por exemplo, numa linha de costa fractal, à medida que se faz zoom em segmentos cada vez mais pequenos, o comprimento medido da linha de costa aumenta, revelando detalhes e irregularidades mais intrincados.

### 2.3.2 Auto-similaridade:

- A auto-similaridade é uma propriedade de certas estruturas em que as partes mais pequenas se assemelham ao todo, exibindo padrões ou características semelhantes em diferentes níveis de ampliação.

- Os fractais caracterizam-se pela auto-similaridade, o que significa que têm um aspeto semelhante ou exibem padrões idênticos quando vistos a várias escalas.

- Por exemplo, uma árvore fractal apresenta ramos que se assemelham à estrutura geral da árvore, independentemente do nível de zoom.

- A auto-similaridade permite que os fractais apresentem complexidade e detalhe a todos os níveis, tornando-os adequados para descrever fenómenos naturais com padrões irregulares e intrincados.

### 2.3.3 Estrutura hierárquica:

- A auto-similaridade surge frequentemente em sistemas com uma estrutura hierárquica ou recursiva, em que componentes mais pequenos se repetem ou se aninham dentro de componentes maiores.

- Esta organização hierárquica leva ao aparecimento de padrões auto-similares, uma vez que cada nível da hierarquia contém elementos que se assemelham à estrutura de todo o sistema.

- Exemplos de estruturas hierárquicas incluem redes ramificadas (por exemplo, vasos sanguíneos, sistemas fluviais), geometrias recursivas (por exemplo, curvas fractais, triângulos de Sierpinski) e padrões auto-replicantes (por exemplo, fetos fractais, autómatos celulares).

### 2.3.4 Escalonamento multifractal:

- Os multifractais alargam o conceito de escala e auto-similaridade a sistemas com múltiplos comportamentos de escala, em que diferentes partes do sistema exibem propriedades de escala distintas.

- Ao contrário dos fractais simples, que têm um expoente de escala constante, os multifractais apresentam um espetro de expoentes de escala, captando a variabilidade e a heterogeneidade do sistema.

- Este escalonamento multifractal permite uma descrição mais matizada de fenómenos complexos, em que o grau de irregularidade ou complexidade varia espacial ou temporalmente.

## 2.4 Técnicas de Análise Multifractal

As técnicas de análise multifractal são ferramentas essenciais para quantificar e caraterizar as propriedades multifractais de sistemas complexos em vários domínios. Estas técnicas permitem aos investigadores descobrir a variabilidade espacial e temporal de um sistema, revelando a riqueza e a complexidade da sua estrutura subjacente. Eis algumas das principais técnicas de análise multifractal:

### 2.4.1 Método da função de partição:

- O método da função de partição é uma abordagem fundamental na análise multifractal, utilizada para estimar o espetro multifractal a partir de dados empíricos.

- Envolve a partição dos dados em pequenos subconjuntos ou caixas e o cálculo dos expoentes de escala para cada subconjunto.

- A função de partição $Z\,(q,\acute{e})$ é definida como a soma das q-ésimas potências das medidas destes subconjuntos, normalizada pela medida total do sistema.

- Variando o tamanho da caixa $e$ e a ordem de momento $q$, os investigadores podem estimar o espetro de singularidades, que descreve a distribuição dos expoentes de escala em diferentes escalas espaciais ou temporais.

### 2.4.2 Método do módulo máximo da transformada de Wavelet (WTMM):

- O WTMM é uma ferramenta poderosa para a análise multifractal, particularmente adequada para analisar sinais ou dados de séries temporais.

- Implica aplicar a transformada wavelet aos dados e identificar os máximos locais do módulo da transformada wavelet, que correspondem às singularidades ou descontinuidades do sinal.

- Ao analisar a distribuição destes máximos através das escalas, os investigadores podem estimar o espetro de singularidades e caraterizar as propriedades multifractais dos dados.

### 2.4.3 Análise de flutuação de tendência (DFA):

- A DFA é uma técnica amplamente utilizada para quantificar correlações de longo alcance e propriedades de escala em dados de séries temporais.

- Envolve a divisão da série temporal em segmentos de comprimentos variáveis, a remoção de tendências de cada segmento e o cálculo da flutuação da raiz quadrada média em função do comprimento do segmento.

- O DFA pode ser utilizado para estimar o expoente de Hurst, que quantifica o grau de auto-similaridade ou dependência de longo alcance nos dados.

- Embora o DFA não seja estritamente uma técnica de análise multifractal, pode fornecer informações sobre o comportamento de escala de sistemas complexos e complementar outros métodos multifractais.

### 2.4.4 Análise de flutuação multifractal com tendência (MF-DFA):

- O MF-DFA estende o método DFA à análise multifractal, permitindo aos investigadores caraterizar as propriedades multifractais dos dados de séries temporais.

- Envolve a partição dos dados em segmentos não sobrepostos de igual comprimento, a remoção de tendências de cada segmento e o cálculo da função de flutuação como uma função do comprimento do segmento.

- Ao analisar o comportamento de escala da função de flutuação, os investigadores podem estimar o espetro multifractal e identificar a presença de escala multifractal nos dados.

### 2.4.5 Formalismo multifractal:

- O formalismo multifractal fornece um quadro abrangente para a análise de padrões multifractais em dados empíricos.

- Trata-se de combinar técnicas de análise multifractal com métodos estatísticos e modelos teóricos para quantificar as propriedades multifractais de sistemas complexos.

- O formalismo multifractal permite aos investigadores investigar sistematicamente a variabilidade espacial e temporal de um sistema e explorar os mecanismos subjacentes que determinam o seu comportamento multifractal.

# Capítulo 3: A Geometria Fractal da Natureza

## 3.1 Padrões Fractais em Fenómenos Naturais

A natureza está repleta de exemplos de padrões fractais, desde a ramificação das árvores até às formas intrincadas das linhas costeiras. Os fractais são estruturas geométricas caracterizadas pela auto-similaridade a diferentes escalas, o que significa que as partes mais pequenas da estrutura se assemelham ao todo. Nesta secção, vamos explorar alguns dos exemplos mais proeminentes de padrões fractais observados em fenómenos naturais:

### 3.1.1 Linhas costeiras:

- As linhas costeiras apresentam características fractais, com formas intrincadas que se repetem em diferentes níveis de ampliação.

- Ao fazer zoom numa linha costeira, encontra baías, enseadas e penínsulas mais pequenas que se assemelham à forma geral da costa.

- A irregularidade e a complexidade das linhas costeiras tornam-nas exemplos ideais da geometria fractal na natureza, tal como descrita por Benoit Mandelbrot na sua obra seminal.

### 3.1.2 Montanhas e terreno:

- As cadeias montanhosas e as características do terreno apresentam frequentemente padrões fractais nas suas paisagens acidentadas.

- Os picos, vales e cumes das montanhas apresentam auto-similaridade, com características de menor escala semelhantes à topografia de maior escala.

- A geometria fractal fornece um quadro para compreender a dimensionalidade fractal das regiões montanhosas e as estruturas auto-similares que emergem dos processos geológicos.

### 3.1.3 Redes fluviais:

- As redes fluviais apresentam padrões de ramificação do tipo fractal, com afluentes, cursos de água e canais que se repetem a diferentes escalas.

- A organização hierárquica dos sistemas fluviais, caracterizada por canais principais que alimentam afluentes mais pequenos, reflecte a ramificação auto-similar típica das estruturas fractais.

- A análise fractal das redes fluviais pode ajudar a quantificar a complexidade das ramificações e os padrões de drenagem das bacias hidrográficas, informando os estudos de hidrologia e geomorfologia.

### 3.1.4 Nuvens e padrões climáticos:

- As formações de nuvens e os padrões meteorológicos apresentam frequentemente características fractais, com formas e estruturas intrincadas que se repetem em diferentes escalas espaciais.

- As nuvens cumulus, por exemplo, apresentam padrões auto-similares de ondas e mechas, com formações de nuvens mais pequenas que se assemelham à forma geral do sistema de nuvens.

- A análise fractal dos dados meteorológicos pode fornecer informações sobre a distribuição espacial e a evolução temporal dos fenómenos atmosféricos, ajudando a investigação e a previsão meteorológicas.

### 3.1.5 Estruturas biológicas:

- Os sistemas biológicos estão repletos de padrões fractais, desde os padrões de ramificação das árvores e das veias das folhas até às convoluções do tecido cerebral e aos padrões dos vasos sanguíneos.

- A arquitetura ramificada das redes biológicas, como o sistema circulatório e o sistema respiratório, reflecte a ramificação auto-similar caraterística dos fractais.

- A geometria fractal fornece um quadro quantitativo para descrever a complexidade e a eficiência das estruturas biológicas, lançando luz sobre as suas propriedades adaptativas e funcionais.

## 3.2 Contribuições de Mandelbrot

Benoit Mandelbrot, um matemático conhecido como o pai da geometria fractal, fez contribuições inovadoras para o estudo de sistemas complexos e padrões na natureza. As suas ideias revolucionaram vários domínios, desde a matemática e a física à biologia e às finanças. Eis alguns dos principais contributos de Mandelbrot:

- **Geometria Fractal:** Mandelbrot cunhou o termo "fractal" e desenvolveu o campo da geometria fractal na sua obra seminal, "The Fractal Geometry of Nature" (1982). Introduziu o conceito de fractais como objectos matemáticos com padrões auto-similares a diferentes escalas. A geometria fractal de Mandelbrot forneceu um quadro unificado para a descrição das estruturas irregulares e intrincadas observadas nos fenómenos naturais, desde costas e montanhas a sistemas biológicos e mercados financeiros.

- **Conjunto de Mandelbrot:** Mandelbrot é mais conhecido pela sua descoberta do conjunto de Mandelbrot, um famoso fractal que tem o seu nome. O conjunto de Mandelbrot é um objeto matemático complexo gerado pela iteração de uma função matemática simples. Apresenta padrões auto-similares intrincados, com estruturas complexas que se repetem em diferentes níveis de ampliação. O conjunto de Mandelbrot tornou-se uma imagem icónica na cultura popular e um símbolo da beleza e complexidade da geometria fractal.

- **Leis de escala e leis de potência:** O trabalho de Mandelbrot sobre as leis de escala e as leis de potência revolucionou a nossa compreensão dos sistemas complexos. Demonstrou que muitos fenómenos naturais seguem distribuições de leis de potência, em que a frequência dos acontecimentos diminui de acordo com uma função de lei de potência. A investigação de Mandelbrot sobre leis de potência ajudou a descobrir os princípios subjacentes que regem a distribuição de fenómenos como terramotos, flutuações financeiras e populações urbanas.

- **Técnicas de Análise Fractal:** Mandelbrot desenvolveu técnicas matemáticas inovadoras para analisar padrões fractais e sistemas complexos. Introduziu métodos como o box-counting, a análise multifractal e a interpolação fractal, que são amplamente utilizados em diversos domínios para quantificar a auto-similaridade e a complexidade de sistemas naturais e artificiais. Estas técnicas têm aplicações em domínios que vão desde o processamento de imagens e a análise de dados até à ecologia e ao planeamento urbano.

- **Impacto interdisciplinar:** O trabalho de Mandelbrot colmatou o fosso entre a matemática e as ciências naturais, promovendo a investigação e a colaboração interdisciplinares. As suas ideias sobre a geometria fractal influenciaram áreas tão diversas como a física, a biologia, a informática e a arte. A abordagem interdisciplinar de Mandelbrot à ciência realçou a importância de estudar sistemas complexos a partir de múltiplas perspectivas, conduzindo a novos conhecimentos e descobertas em várias disciplinas.

## 3.3 Auto-similaridade em formações geológicas

A auto-similaridade é um conceito fundamental na geometria fractal e é frequentemente observada em formações geológicas, onde estruturas complexas exibem padrões semelhantes a diferentes escalas. Vamos explorar a forma como a auto-similaridade se manifesta em várias características geológicas:

- **Cordilheiras:**

  As cadeias de montanhas apresentam padrões auto-similares na sua topografia acidentada. Quando vistas à distância, as cadeias montanhosas apresentam características de grande escala, como picos, vales e cumes. A análise fractal do terreno montanhoso revela que os contornos recortados das montanhas seguem padrões fractais, com a irregularidade e a complexidade da paisagem a repetir-se em diferentes níveis de ampliação.

- **Redes fluviais:**

  As redes fluviais apresentam padrões de ramificação auto-similares, com afluentes, riachos e canais que se repetem em diferentes escalas. A organização hierárquica dos sistemas fluviais é caracterizada por canais principais que alimentam afluentes mais pequenos, os quais, por sua vez, se ramificam em riachos e ribeiros ainda mais pequenos. Esta auto-similaridade permite que as redes fluviais drenem eficazmente a água de grandes bacias hidrográficas para bacias de drenagem mais pequenas.

- **Linhas costeiras:**

  As linhas costeiras apresentam formas fractais, com padrões intrincados de baías, enseadas e penínsulas que se repetem a diferentes níveis de pormenor. Quando medidas utilizando a geometria euclidiana tradicional, as linhas costeiras parecem irregulares e difíceis de quantificar. No entanto, quando analisadas utilizando métodos fractais, como o método de contagem de caixas, as linhas costeiras revelam padrões auto-similares que podem ser caracterizados por uma dimensão fractal.

A dimensão fractal das linhas costeiras reflecte a sua complexidade e irregularidade, captando as estruturas auto-similares que emergem da interação entre a terra e o mar ao longo de escalas temporais geológicas.

- **Linhas de falha e falhas geológicas:**

As linhas de falha e as falhas geológicas apresentam frequentemente padrões auto-similares na sua geometria fractal. Estas características lineares, formadas pelo movimento das placas tectónicas e da crosta terrestre, apresentam formas e ramificações irregulares a diferentes escalas. A análise fractal das linhas de falha pode fornecer informações sobre a sua distribuição espacial, conetividade e complexidade, ajudando os geólogos a compreender a dinâmica da atividade tectónica e os riscos de sismos em regiões sismicamente activas.

- **Formações rochosas e paisagens:**

As formações rochosas e as paisagens, como os desfiladeiros, as falésias e as mesas, apresentam padrões auto-similares nas suas características geológicas. As formas e texturas intrincadas das formações rochosas repetem-se a diferentes escalas, com as características de menor escala a assemelharem-se à topografia de maior escala.

A análise fractal das formações rochosas pode revelar os processos subjacentes de erosão, meteorização e sedimentação que moldam a superfície da Terra ao longo do tempo. Ao quantificar a dimensão fractal das características geológicas, os investigadores podem avaliar a complexidade e diversidade das paisagens e a sua suscetibilidade aos riscos naturais.

### 3.4 Estruturas Fractais em Sistemas Biológicos

As estruturas fractais são predominantes nos sistemas biológicos, onde padrões intrincados e arquitecturas ramificadas se repetem a diferentes escalas. Estas geometrias fractais desempenham um papel crucial na otimização da eficiência, na maximização da área de superfície e na facilitação dos processos de transporte e troca nos organismos. Eis alguns exemplos de estruturas fractais observadas em sistemas biológicos:

- **Redes vasculares:**

  O sistema circulatório dos animais, incluindo os seres humanos, apresenta padrões de ramificação de tipo fractal na sua rede vascular. Os vasos sanguíneos, como as artérias, as veias e os capilares, ramificam-se recursivamente, com vasos mais pequenos a alimentarem-se de vasos maiores. A geometria fractal das redes vasculares permite o transporte eficiente de sangue, nutrientes e oxigénio para as células e tecidos de todo o corpo. A geometria fractal das redes vasculares permite o transporte eficiente de sangue, nutrientes e oxigénio para as células e tecidos de todo o corpo.

- **Árvore brônquica:**

  O sistema respiratório dos mamíferos apresenta uma árvore brônquica que se ramifica a partir da traqueia em vias aéreas cada vez mais pequenas, conduzindo eventualmente aos alvéolos, onde ocorrem as trocas gasosas. Esta geometria fractal maximiza a área de superfície disponível para as trocas gasosas e assegura a absorção eficiente de oxigénio e a remoção de dióxido de carbono durante a respiração.

- **Redes Neuronais:**

  A estrutura das redes neuronais do cérebro apresenta propriedades do tipo fractal, com dendritos e axónios ramificados que formam redes intrincadas de neurónios interligados. Os padrões de ramificação fractais facilitam a comunicação entre os neurónios, permitindo funções cognitivas complexas como a aprendizagem, a memória e a perceção.

O Universo Multifractal

- **Ramificação de árvores**:

  As árvores apresentam padrões de ramificação fractal na sua estrutura hierárquica, com ramos principais que dão origem a ramos mais pequenos, galhos e folhas. Esta ramificação auto-similar permite às árvores maximizar a captação de luz solar, a absorção de nutrientes e as trocas gasosas. Os padrões de ramificação fractal optimizam a distribuição de recursos dentro da árvore, assegurando que os nutrientes e a água são eficientemente transportados das raízes para as folhas e que os produtos fotossintéticos são distribuídos por toda a árvore.

- **Recifes de coral:**

  Os recifes de coral apresentam estruturas do tipo fractal nas suas colónias ramificadas e nas suas intrincadas formações esqueléticas. Os pólipos de coral formam colónias que se ramificam em padrões fractais, criando habitats tridimensionais complexos para a vida marinha. A geometria fractal dos recifes de coral maximiza a área de superfície para alimentação por filtragem, fotossíntese e abrigo, suportando uma gama diversificada de organismos marinhos e promovendo a biodiversidade nos ecossistemas dos recifes de coral.

# Capítulo 4: Complexidade e Caos

## 4.1 Emergência da Complexidade

A emergência da complexidade é um fenómeno fundamental observado nos sistemas naturais e artificiais, em que componentes simples interagem para dar origem a padrões e comportamentos intrincados e muitas vezes inesperados. Este processo de emergência da complexidade ocorre em várias escalas, desde o nível molecular e celular até à escala planetária e cósmica. Aqui, vamos explorar os principais factores e mecanismos subjacentes ao surgimento da complexidade:

### 4.1.1 Auto-organização:

- A auto-organização é um processo pelo qual os sistemas se organizam espontaneamente em estruturas ou padrões complexos sem orientação ou controlo externos. Resulta das interacções entre componentes individuais, que dão origem a um comportamento coletivo ao nível do sistema.

- Os exemplos de auto-organização incluem a formação de padrões em reacções químicas (por exemplo, a reação de Belousov-Zhabotinsky), o comportamento de agrupamento das aves e a sincronização dos padrões de intermitência dos pirilampos.

### 4.1.2 Dinâmica não linear:

- A dinâmica não linear refere-se ao estudo de sistemas em que pequenas alterações nas condições iniciais podem levar a resultados grandes e imprevisíveis, conhecidos como caos. As interacções não lineares entre componentes podem dar origem a um comportamento complexo e imprevisível, incluindo o aparecimento de padrões, oscilações e bifurcações.

- A teoria do caos, iniciada pelo matemático Edward Lorenz, explora o comportamento de sistemas dinâmicos não lineares e o surgimento de comportamentos complexos a partir de regras simples.

### 4.1.3 Hierarquia e escala:

- Os sistemas complexos apresentam frequentemente uma organização hierárquica, com estruturas e padrões que se repetem em várias escalas. Esta estrutura hierárquica dá origem a propriedades emergentes em cada nível de organização, desde o microscópico ao macroscópico.

- Por exemplo, nos sistemas biológicos, as moléculas formam células, as células formam tecidos, os tecidos formam órgãos e os órgãos formam organismos, com propriedades emergentes que surgem a cada nível de organização.

### 4.1.4 Adaptação e evolução:

- A complexidade pode surgir através do processo de adaptação e evolução, em que as populações de organismos sofrem variações genéticas, seleção natural e adaptação a condições ambientais variáveis.

- Os processos evolutivos conduzem ao aparecimento de novas espécies, comunidades ecológicas diversas e ecossistemas complexos com padrões intrincados de interação e interdependência.

### 4.1.5 Informação e feedback:

- A troca de informações e os mecanismos de feedback desempenham um papel crucial na emergência da complexidade, permitindo que os sistemas respondam às mudanças no seu ambiente e se adaptem a novas condições.

- Os circuitos de feedback, em que as saídas de um sistema influenciam as suas entradas, podem dar origem à autorregulação, à estabilidade e à emergência de estados de equilíbrio dinâmico.

### 4.1.6 Propriedades emergentes:

- As propriedades emergentes são características ou comportamentos que resultam das interacções de componentes individuais de um sistema, mas que não estão presentes em nenhum componente isolado. Estas propriedades emergentes muitas vezes não podem ser previstas a partir das propriedades dos componentes individuais.

- Exemplos de propriedades emergentes incluem a consciência no cérebro, a inteligência nas redes sociais e os padrões climáticos na atmosfera da Terra.

## 4.2 Sistemas caóticos e atractores

Os sistemas caóticos são sistemas dinâmicos que apresentam uma dependência sensível das condições iniciais, conduzindo a um comportamento complexo e imprevisível ao longo do tempo. Estes sistemas são regidos por equações determinísticas, mas o seu comportamento a longo prazo parece aleatório e imprevisível. O comportamento caótico é caracterizado pela presença de certas estruturas chamadas atractores, que desempenham um papel central na compreensão da dinâmica dos sistemas caóticos. Vamos explorar mais pormenorizadamente os sistemas caóticos e os seus atractores:

### 4.2.1 Dependência sensível das condições iniciais:

- Os sistemas caóticos são altamente sensíveis às suas condições iniciais, o que significa que pequenas diferenças no estado inicial do sistema podem levar a resultados muito diferentes ao longo do tempo.

- Este fenómeno, frequentemente designado por efeito borboleta, sugere que mesmo alterações mínimas no estado inicial do sistema podem amplificar-se e divergir exponencialmente, conduzindo a trajectórias divergentes e a um comportamento imprevisível.

### 4.2.2 Dinâmica determinística:

- Apesar da sua aparente aleatoriedade, os sistemas caóticos são determinísticos, o que significa que o seu comportamento é inteiramente determinado pelas suas equações de movimento e condições iniciais.

- A imprevisibilidade dos sistemas caóticos resulta das interacções complexas entre variáveis e da amplificação de pequenas perturbações ao longo do tempo, e não da aleatoriedade intrínseca ou da estocasticidade.

### 4.2.3 Atractores estranhos:

- Os atractores são estruturas geométricas que representam o comportamento a longo prazo de um sistema dinâmico. Nos sistemas caóticos, os atractores assumem frequentemente a forma de atractores estranhos, que apresentam trajectórias complexas e não repetitivas no espaço de fase.

- Os atractores estranhos são caracterizados pela sua geometria fractal, com padrões intrincados e auto-similares que preenchem densamente o espaço de fase, mas nunca se repetem exatamente.

- O exemplo mais famoso de um atrativo estranho é o atrativo de Lorenz, descoberto pelo meteorologista Edward Lorenz enquanto estudava os padrões de convecção na atmosfera da Terra.

### 4.2.4 Bacias de atração:

- Os sistemas caóticos possuem frequentemente bacias de atração múltiplas, que representam regiões distintas do espaço de fase para as quais as trajectórias convergem ao longo do tempo.

- As fronteiras entre estas bacias de atração são conhecidas como separatrizes, e as trajectórias próximas destas fronteiras podem apresentar uma dependência sensível das condições iniciais, conduzindo a um comportamento transiente complexo.

### 4.2.5 Bifurcações e transições:

- Os sistemas caóticos podem sofrer bifurcações, onde pequenas alterações nos parâmetros do sistema levam a mudanças qualitativas no comportamento do sistema.

- As bifurcações podem dar origem a transições entre comportamentos regulares e caóticos, bem como ao aparecimento de novos atractores e regimes dinâmicos.

## 4.3 Natureza multifractal dos sistemas caóticos

A natureza multifractal dos sistemas caóticos refere-se à presença de múltiplos expoentes de escala ou dimensões que caracterizam a complexidade e a variabilidade do sistema. Embora os sistemas caóticos sejam conhecidos pela sua dependência sensível das condições iniciais e pela presença de atractores estranhos, a multifractalidade acrescenta outra camada de complexidade ao descrever a heterogeneidade espacial ou temporal da dinâmica do sistema. Eis como a multifractalidade se manifesta nos sistemas caóticos:

### 4.3.1 Variabilidade espacial e temporal:

- Os sistemas caóticos apresentam frequentemente variabilidade espacial e temporal no seu comportamento, com flutuações e irregularidades que ocorrem a diferentes escalas. A multifractalidade capta esta variabilidade quantificando a distribuição dos expoentes de escala em diferentes escalas espaciais ou temporais.

- Em vez de um único expoente de escala que caracteriza o comportamento do sistema, a análise multifractal revela um espetro de expoentes de escala, indicando a presença de padrões multifractais no sistema.

### 4.3.2 Singularidades e leis de escala:

- A análise multifractal identifica singularidades ou pontos de comportamento não analítico em sistemas caóticos, onde a dinâmica do sistema apresenta mudanças abruptas ou descontinuidades.

- Estas singularidades dão origem a leis de escala que descrevem a forma como o comportamento do sistema varia com a escala. As leis de escala multifractais captam a natureza multifacetada do caos, em que diferentes partes do sistema contribuem de forma diferente para a sua complexidade global.

### 4.3.3 Dimensões Fractais e Espectros de Singularidade:

- A análise multifractal caracteriza os sistemas caóticos utilizando as dimensões fractais e os espectros de singularidade. As dimensões fractais quantificam as propriedades de escala das características geométricas ou dinâmicas do sistema, enquanto os espectros de singularidade descrevem a distribuição dos expoentes de escala.

- O espetro de singularidades fornece uma visão da distribuição espacial das irregularidades ou flutuações no sistema, revelando a importância relativa de diferentes escalas na formação da complexidade do sistema.

### 4.3.4 Intermitência e turbulência:

- Os sistemas caóticos apresentam frequentemente intermitência e turbulência, onde regiões localizadas de ordem e caos coexistem e interagem dinamicamente. A análise multifractal pode elucidar a natureza multifractal dos fluxos turbulentos, revelando a distribuição espacial de vórtices, redemoinhos e flutuações.

O Universo Multifractal

- Ao quantificar as propriedades multifractais da turbulência, os investigadores podem obter informações sobre a cascata de energia, os processos de mistura e a dinâmica do fluxo em sistemas fluidos caóticos.

### 4.3.5 Aplicações em teoria de sistemas dinâmicos:

- A análise multifractal tem aplicações na teoria dos sistemas dinâmicos, onde fornece um quadro quantitativo para estudar a complexidade e a variabilidade dos sistemas caóticos. As técnicas multifractais permitem aos investigadores caraterizar a natureza multifractal de atractores estranhos, trajectórias caóticas e estruturas de espaço de fase.

- A compreensão das propriedades multifractais dos sistemas caóticos é crucial para prever e controlar o seu comportamento, bem como para obter informações sobre os mecanismos subjacentes que determinam a sua dinâmica.

## 4.4 Dinâmica dos sistemas complexos

A dinâmica dos sistemas complexos engloba uma vasta gama de fenómenos e processos caracterizados por interacções não lineares, emergência e auto-organização. Estes sistemas apresentam comportamentos que são frequentemente imprevisíveis e podem apresentar padrões de complexidade a várias escalas. Compreender a dinâmica dos sistemas complexos é essencial para enfrentar desafios em diversos domínios, incluindo a física, a biologia, a ecologia, a economia e as ciências sociais. Eis alguns aspectos fundamentais da dinâmica dos sistemas complexos:

### 4.4.1 Interacções não lineares:

- Os sistemas complexos são compostos por múltiplos componentes interligados que interagem entre si de forma não linear. As interacções não lineares podem levar à amplificação de pequenas perturbações, à emergência de padrões auto-organizados e à geração de comportamentos complexos.

- A não-linearidade resulta frequentemente em fenómenos como bifurcações, caos e transições de fase, em que o sistema sofre mudanças abruptas de comportamento em resposta a pequenas alterações nos seus parâmetros ou condições iniciais.

### 4.4.2  Emergência:

- A emergência refere-se ao fenómeno em que comportamentos ou padrões complexos surgem das interacções de componentes simples de um sistema. Estas propriedades emergentes não estão presentes apenas nos componentes individuais, mas emergem das suas interacções colectivas.

- Exemplos de fenómenos emergentes incluem o comportamento de bandos de aves, o congestionamento do tráfego em redes urbanas e a sincronização em redes de osciladores acoplados.

### 4.4.3  Auto-organização:

- A auto-organização é o processo pelo qual estruturas ou padrões complexos emergem espontaneamente das interacções dos componentes de um sistema, sem controlo ou coordenação externos.

- Os sistemas auto-organizados apresentam frequentemente uma organização hierárquica, com padrões que se repetem em várias escalas. Os exemplos incluem a formação de padrões espaciais em sistemas biológicos (por exemplo, padrões de pelagem de animais) e a criticalidade auto-organizada observada em modelos de pilhas de areia.

### 4.4.4  Adaptação e evolução:

- Os sistemas complexos podem evoluir e adaptar-se a ambientes em mudança através de processos como a seleção natural, a variação genética e a aprendizagem. A dinâmica evolutiva dá origem à diversidade, à inovação e à emergência de novos comportamentos e estratégias.

- Os processos evolutivos são fundamentais para a compreensão dos sistemas biológicos, em que os organismos se adaptam a nichos ecológicos e as populações sofrem especiação e diversificação ao longo do tempo.

### 4.4.5  Estrutura da rede:

- Muitos sistemas complexos podem ser representados como redes, em que os nós representam componentes individuais e as arestas representam interacções ou ligações entre eles. A estrutura destas redes desempenha um papel crucial na determinação da dinâmica e do comportamento do sistema.

- A dinâmica das redes engloba processos como a difusão de informação, as falhas em cascata e a propagação de contágios em redes sociais, biológicas e tecnológicas.

### 4.4.6 Resiliência e robustez:

- Os sistemas complexos apresentam frequentemente resiliência e robustez, o que lhes permite manter a funcionalidade e a estabilidade face a perturbações ou distúrbios. Os sistemas resilientes podem absorver choques, adaptar-se às mudanças e recuperar de perturbações, mantendo as suas funções essenciais ao longo do tempo.

- Compreender os factores que contribuem para a resiliência e a robustez é essencial para a conceção de sistemas sustentáveis e adaptativos em domínios como a ecologia, a engenharia e o planeamento urbano.

# Capítulo 5: Multifractalidade nos sistemas terrestres

## 5.1 Paisagens geológicas: Montanhas, rios e linhas costeiras

As paisagens geológicas, incluindo montanhas, rios e linhas costeiras, apresentam padrões e formações complexas moldadas por processos geológicos ao longo de milhões de anos. Estas paisagens constituem exemplos ricos da dinâmica da superfície terrestre e da interação entre as forças geológicas e os factores ambientais. Vamos explorar as características e a dinâmica de cada uma destas características geológicas:

### 5.1.1 Montanhas:

- **Formação:** As montanhas são grandes formas de relevo que se elevam proeminentemente acima dos seus arredores, normalmente formadas através de processos tectónicos como a atividade vulcânica, falhas e dobras. Podem também resultar de erosão e elevação ao longo de escalas temporais geológicas.

- **Diversidade estrutural:** As montanhas apresentam uma grande variedade de características estruturais, incluindo picos, cumes, vales e planaltos, moldados por forças tectónicas, erosão e meteorização. A geologia complexa das cadeias montanhosas reflecte os diversos processos que actuaram sobre elas ao longo do tempo.

- **Diversidade ecológica:** As montanhas suportam diversos ecossistemas e habitats, caracterizados por variações de clima, elevação e declive. Proporcionam nichos ecológicos cruciais para uma vasta gama de espécies vegetais e animais, incluindo organismos endémicos e especializados adaptados a ambientes de elevada altitude.

### 5.1.2 Rios:

- **Formação:** Os rios são cursos de água naturais que fluem de altitudes mais elevadas para altitudes mais baixas, moldando a paisagem através da erosão, transporte de sedimentos e deposição. Têm origem em fontes como nascentes, glaciares e escoamento da chuva e, frequentemente, fundem-se em sistemas fluviais maiores à medida que fluem para jusante.

- **Morfologia do canal:** Os rios apresentam diversas morfologias de canal, incluindo rios meandrantes com curvas sinuosas, rios entrançados com múltiplos canais entrelaçados e rios rectos com declives acentuados. Estes padrões de canal resultam de interacções entre o fluxo de água, o transporte de sedimentos e a topografia local.

- **Processos Fluviais:** Os rios desempenham um papel vital na modelação da superfície da Terra através de processos fluviais como a erosão, a sedimentação e a formação de deltas. Eles esculpem vales, desfiladeiros e gargantas, transportam sedimentos para jusante e depositam leques aluviais e planícies de inundação nas suas zonas inferiores.

### 5.1.2 Linhas costeiras:

- **Formação:** As linhas costeiras são interfaces dinâmicas entre a terra e o mar, moldadas por uma combinação de processos marinhos e terrestres. Resultam das interacções entre a ação das ondas, as marés, as correntes, a erosão e a deposição de sedimentos ao longo das margens costeiras.

- **Características Geomorfológicas:** As linhas costeiras apresentam uma variedade de características geomorfológicas, incluindo falésias, praias, dunas, estuários e ilhas-barreira. Estas características reflectem a complexa interação entre os processos geológicos, hidrológicos e atmosféricos que actuam nos ambientes costeiros.

- **Forças Erosivas e Deposicionais:** As paisagens costeiras estão sujeitas à erosão por ondas, correntes e tempestades costeiras, levando à formação de falésias, grutas e pilhas de mar. Simultaneamente, os sedimentos transportados pelos rios e pelos processos marinhos acumulam-se ao longo das costas, formando praias, espigões e ilhas-barreira.

## 5.2 Padrões meteorológicos e climáticos

Os padrões meteorológicos e climáticos são fenómenos dinâmicos e complexos que resultam das interacções entre a atmosfera, os oceanos, as superfícies terrestres e a biosfera da Terra. Estes padrões apresentam uma variabilidade em diferentes escalas espaciais e temporais, desde as condições meteorológicas locais até aos fenómenos climáticos globais. A compreensão dos padrões meteorológicos e climáticos é essencial para a previsão de fenómenos meteorológicos a curto prazo, para o estudo das tendências climáticas a longo prazo e para a avaliação dos impactos das alterações climáticas. Eis

O Universo Multifractal

alguns aspectos fundamentais dos padrões meteorológicos e climáticos:

### 5.2.1 Padrões climáticos:

- Variabilidade a curto prazo: A meteorologia refere-se às condições atmosféricas num determinado momento e local, incluindo a temperatura, a humidade, a precipitação, a velocidade do vento e a pressão atmosférica. Os padrões meteorológicos apresentam uma variabilidade a curto prazo, que vai de minutos a semanas, impulsionada pela dinâmica atmosférica e pelos sistemas meteorológicos.

- Fenómenos Meteorológicos: Os padrões meteorológicos são influenciados por uma variedade de fenómenos meteorológicos, tais como ciclones, anticiclones, frentes, trovoadas e perturbações atmosféricas. Estes fenómenos resultam de interacções entre massas de ar com diferentes características de temperatura, humidade e pressão.

- Variações regionais: Os padrões meteorológicos variam regionalmente devido a diferenças de latitude, altitude, proximidade dos oceanos e características topográficas. Factores locais como a urbanização, a utilização do solo e a vegetação também influenciam as condições meteorológicas em regiões específicas.

### 5.2.2 Padrões climáticos:

- Médias a longo prazo: O clima refere-se à média a longo prazo das condições meteorológicas observadas durante períodos alargados, normalmente de décadas a séculos. Os padrões climáticos reflectem as propriedades estatísticas da variabilidade meteorológica, incluindo as temperaturas médias, os níveis de precipitação e as variações sazonais.

- Padrões de Circulação Global: Os padrões climáticos são influenciados por padrões de circulação atmosférica de grande escala, tais como as células de Hadley, Ferrel e Polar, que conduzem o transporte de calor, humidade e energia à volta do globo. Estes padrões de circulação dão origem a fenómenos como a Zona de Convergência Intertropical (ZCIT), as correntes de jato e a Oscilação Sul El Niño-Oscilação Sul (ENSO).

- Zonas climáticas: Os padrões climáticos definem zonas climáticas distintas, incluindo regiões tropicais, temperadas, polares e áridas, caracterizadas pelas suas condições meteorológicas e regimes climáticos predominantes. Cada zona climática apresenta padrões únicos de temperatura, precipitação e circulação atmosférica, determinados pela sua localização geográfica e factores ambientais.

### 5.2.3 Alterações climáticas:

- Influência antropogénica: Os padrões climáticos estão sujeitos a alterações a longo prazo devido à variabilidade natural e a factores antropogénicos, incluindo as emissões de gases com efeito de estufa, a desflorestação e as alterações na utilização dos solos. As actividades humanas contribuíram para o aquecimento global, conduzindo a mudanças de temperatura, padrões de precipitação e fenómenos meteorológicos extremos.

- Impactos e adaptação: As alterações climáticas têm impactos significativos nos ecossistemas, nos recursos hídricos, na agricultura, na saúde humana e nos sistemas socioeconómicos. A compreensão dos padrões climáticos e das suas alterações é crucial para o desenvolvimento de estratégias de atenuação e adaptação aos impactos das alterações e da variabilidade climáticas.

### 5.2.4 Dados e modelação:

- Dados de observação: Os padrões meteorológicos e climáticos são monitorizados e analisados através de dados de observação recolhidos em estações meteorológicas, satélites, bóias e outros instrumentos. Estes dados fornecem informações sobre as condições meteorológicas actuais, as tendências climáticas a longo prazo e os processos atmosféricos.

- Modelos numéricos: Os padrões meteorológicos e climáticos são simulados e previstos através de modelos numéricos que representam as interacções complexas entre a atmosfera, os oceanos, as superfícies terrestres e a biosfera. Estes modelos incorporam leis físicas, equações de movimento e algoritmos computacionais para prever as condições meteorológicas e climáticas futuras.

## 5.3 Análise Multifractal de Sismos e Atividade Tectónica

O Universo Multifractal

A análise multifractal oferece uma estrutura poderosa para compreender os complexos padrões espácio-temporais dos sismos e da atividade tectónica, fornecendo informações sobre a dinâmica subjacente à sismicidade e à heterogeneidade da crosta terrestre. Eis como a análise multifractal é aplicada aos sismos e à atividade tectónica:

### 5.3.1 Ocorrência de terramotos:

- A análise multifractal pode ser utilizada para caraterizar a distribuição espacial e temporal dos sismos, incluindo a sua frequência, magnitude e comportamento de agrupamento.

- Através da análise de catálogos sísmicos, os investigadores podem identificar propriedades de escala e características multifractais na distribuição de magnitudes de terramotos e tempos entre eventos.

### 5.3.2 Padrões de Sismicidade:

- A análise multifractal revela a natureza multifractal dos padrões de sismicidade, indicando a presença de heterogeneidades espaciais e temporais na ocorrência de sismos.

- Os mapas de sismicidade e as distribuições espaciais dos grupos de sismos apresentam uma escala multifractal, com as regiões de elevada atividade sísmica a apresentarem padrões mais complexos e irregulares do que as áreas de baixa atividade.

### 5.3.3 Sistemas de falhas:

- A análise multifractal pode ser aplicada para estudar a geometria e a dinâmica dos sistemas de falhas, incluindo a sua estrutura de ramificação, as distribuições de deslizamento e as interacções entre falhas.

- Ao analisar redes de falhas e segmentos de falhas, os investigadores podem identificar escalas multifractais em comprimentos de falhas, orientações e magnitudes de deslizamento, fornecendo informações sobre a complexidade dos sistemas de falhas.

### 5.3.4 Dinâmica de rutura de terramotos:

- A análise multifractal oferece um quadro para o estudo da dinâmica espacial

O Universo Multifractal

e temporal das rupturas sísmicas, incluindo os seus padrões de propagação, a libertação de energia e a complexidade das rupturas.

- As formas de onda sísmicas e os modelos de rutura apresentam um escalonamento multifractal, com processos de rutura complexos caracterizados por variações na velocidade de rutura, na distribuição do deslizamento e na libertação de tensões.

### 5.3.5 Avaliação do risco sísmico:

- A análise multifractal contribui para a avaliação do risco sísmico ao quantificar a variabilidade espacial e temporal da sismicidade e ao identificar regiões de elevado risco sísmico.

- Ao integrar modelos multifractais com análises probabilísticas de riscos sísmicos, os investigadores podem melhorar as previsões de ocorrência de sismos, abalos do solo e danos potenciais em regiões propensas a sismos.

### 5.3.6 Regimes Tectónicos:

- A análise multifractal ajuda a classificar os regimes tectónicos e os padrões de sismicidade associados a diferentes contextos geológicos, tais como zonas de subducção, falhas de transformação e interiores continentais.

- As fronteiras tectónicas e as fronteiras de placas apresentam uma escala multifractal, reflectindo as interacções complexas entre as placas tectónicas e a natureza heterogénea da crosta terrestre.

## 5.4 Composição do solo e dinâmica da erosão

A composição do solo e a dinâmica da erosão são aspectos cruciais dos processos da superfície terrestre, influenciando o desenvolvimento do relevo, a saúde dos ecossistemas, a produtividade agrícola e a qualidade da água. Compreender a composição do solo e a dinâmica da erosão é essencial para a gestão sustentável das terras, para os esforços de conservação e para mitigar os impactes da degradação do solo. Vamos aprofundar estes tópicos com mais pormenor:

### 5.4.1 Composição do solo:

- **Componentes minerais:** O solo é composto por partículas minerais derivadas da meteorização e decomposição do material rochoso de origem.

O Universo Multifractal

Os componentes minerais primários do solo incluem areia, silte e argila, com proporções variáveis dependendo de factores como o material de origem, o clima e a topografia.

- **Matéria orgânica:** O solo contém matéria orgânica derivada de resíduos vegetais e animais decompostos, bem como biomassa microbiana. A matéria orgânica contribui para a fertilidade do solo, a retenção de humidade e a estrutura do solo, desempenhando um papel crucial no apoio ao crescimento das plantas e à saúde do solo.

- **Horizontes do solo:** Os perfis do solo consistem tipicamente em camadas horizontais distintas ou horizontes, cada um caracterizado por diferenças de cor, textura, estrutura e composição. Estes horizontes, incluindo o horizonte O (orgânico), o horizonte A (solo superficial), o horizonte B (subsolo) e o horizonte C (material de origem), reflectem os processos de formação do solo e de meteorização ao longo do tempo.

### 5.4.2 Dinâmica da erosão:

**5.4.2.1 Tipos de Erosão:** A erosão é o processo de perda de solo através da ação da água, do vento, do gelo ou da gravidade. Os diferentes tipos de erosão incluem:

- **Erosão hídrica:** Causada pela precipitação, escoamento superficial e fluxo de superfície, conduzindo à erosão em lençol, erosão em ravina e erosão em ravina.

- **Erosão eólica:** Ocorre em regiões áridas e semi-áridas, onde ventos fortes levantam e transportam partículas de solo, causando deflação e deposição.

- **Erosão glaciar:** O movimento dos glaciares e o derretimento do gelo podem erodir e transportar solo e material rochoso, moldando vales glaciares e formas de relevo.

- **Erosão por gravidade:** A instabilidade dos declives e os processos de movimentos de massa, como os deslizamentos de terras e a fluência do solo, contribuem para a erosão do solo em declives acentuados.

**5.4.2.2 Factores que influenciam a erosão:** A dinâmica da erosão é influenciada por vários factores, incluindo

- **Clima:** A intensidade da precipitação, a velocidade do vento e as flutuações de temperatura afectam as taxas e os padrões de erosão.

  - **Topografia:** O gradiente do declive, o aspeto e as características da paisagem influenciam a suscetibilidade dos solos à erosão.

  - **Vegetação:** O coberto vegetal, os sistemas radiculares e a densidade da vegetação desempenham um papel fundamental na estabilização do solo, na redução da erosão e na promoção da agregação do solo.

  - **Práticas de utilização do solo:** As actividades humanas, como a desflorestação, a agricultura, a exploração mineira e a construção, podem acelerar as taxas de erosão e a degradação do solo.

**5.4.2.3 Medidas de controlo da erosão:** A erosão do solo pode ser mitigada através de várias medidas de controlo da erosão, incluindo:

- **Medidas vegetativas:** Plantação de culturas de cobertura, gramíneas, arbustos e árvores para proteger o solo da erosão, estabilizar os declives e aumentar a matéria orgânica do solo.

- **Medidas mecânicas:** Instalação de estruturas de controlo da erosão, tais como terraços, barragens de controlo, enrocamento e muros de contenção para reduzir a velocidade do escoamento e reter sedimentos.

- **Práticas de conservação do solo:** Adoção de técnicas de lavoura de conservação, aragem de contorno, rotação de culturas e técnicas agro-florestais para minimizar a perturbação do solo, melhorar a estrutura do solo e aumentar a infiltração da água.

# Capítulo 6: Multifractalidade biológica

## 6.1 Sequências genéticas e dobragem de proteínas

L et's mergulham no mundo multifacetado das sequências genéticas e da dobragem de proteínas, explorando a complexa interação entre ADN, ARN, proteínas e os intrincados processos que governam a sua estrutura, função e evolução.

### 6.1.1 Sequências genéticas:

- **ADN e ARN:** As sequências genéticas estão codificadas nas moléculas de ADN (ácido desoxirribonucleico) e ARN (ácido ribonucleico), que servem de modelo para a vida. O ADN contém a informação genética que determina as características de um organismo, enquanto o ARN desempenha um papel fundamental na expressão dos genes, na síntese e regulação das proteínas.

- **Pares de bases de nucleótidos:** As sequências genéticas consistem em sequências de pares de bases de nucleótidos, incluindo adenina (A), timina (T), citosina (C) e guanina (G) no ADN, e adenina (A), uracilo (U), citosina (C) e guanina (G) no ARN. A sequência específica destas bases determina o código genético e as instruções para a construção de proteínas.

### 6.1.2 Dobragem de proteínas:

- **Estrutura primária:** As proteínas são compostas por cadeias de aminoácidos, ligadas entre si por ligações peptídicas, numa sequência determinada pelo código genético. A estrutura primária de uma proteína refere-se à sequência linear de aminoácidos.

- **Estrutura secundária:** A dobragem das proteínas começa com a formação de estruturas secundárias, como as hélices alfa e as folhas beta, impulsionadas por interacções de ligação de hidrogénio entre os aminoácidos da cadeia polipeptídica.

- **Estrutura terciária:** A estrutura terciária refere-se à forma tridimensional global de uma proteína, resultante de interacções entre cadeias laterais de aminoácidos, incluindo ligações de hidrogénio, interacções hidrofóbicas, ligações dissulfureto e interacções electrostáticas.

- **Estrutura quaternária:** Algumas proteínas consistem em múltiplas subunidades polipeptídicas que se reúnem para formar um complexo proteico funcional. A estrutura quaternária refere-se à disposição dessas subunidades no conjunto final da proteína.

### 6.1.3 Função e interação das proteínas:

- **Domínios funcionais:** As proteínas contêm frequentemente domínios funcionais, regiões distintas com propriedades estruturais e funcionais específicas. Estes domínios podem mediar interacções com outras moléculas, catalisar reacções bioquímicas ou ligar-se a ligandos ou substratos.

- **Sítios de ligação:** As proteínas podem interagir com outras moléculas através de sítios de ligação, regiões específicas na superfície da proteína que reconhecem e se ligam a moléculas alvo com elevada afinidade e especificidade. As interacções proteína-proteína, proteína-ligante e enzima-substrato são essenciais para os processos biológicos, como a transdução de sinais, o metabolismo e a regulação dos genes.

### 6.1.4 Dobragem de proteínas e doenças:

- **Doenças de dobragem incorrecta:** A dobragem incorrecta de proteínas ocorre quando as proteínas não conseguem adotar a sua estrutura tridimensional nativa, levando à formação de agregados não funcionais ou tóxicos. As proteínas mal dobradas estão implicadas numa variedade de doenças humanas, incluindo doenças neurodegenerativas como a doença de Alzheimer, a doença de Parkinson e as doenças de priões.

- **Proteínas chaperonas:** As células utilizam proteínas chaperonas para ajudar na dobragem e montagem de outras proteínas, assegurando a dobragem correcta e prevenindo a agregação de proteínas mal dobradas. As chaperonas desempenham um papel fundamental na manutenção da homeostase proteica e na prevenção de doenças de má dobragem proteica.

### 6.1.5 Conservação evolutiva:

- **Sequências conservadas:** Algumas regiões de sequências genéticas e estruturas proteicas são altamente conservadas entre espécies, reflectindo os seus papéis essenciais na função biológica e na evolução. A conservação evolutiva das sequências genéticas e das estruturas proteicas permite compreender as relações evolutivas entre organismos e a importância funcional de genes e proteínas específicos.

## 6.2 Dinâmica cerebral e redes neuronais

A dinâmica cerebral e as redes neuronais são sistemas complexos que estão na base do funcionamento do cérebro, permitindo vários processos cognitivos, a perceção sensorial, o controlo motor e os comportamentos. Compreender a dinâmica cerebral e as redes neuronais é essencial para desvendar os mistérios da função cerebral, da cognição e da consciência. Eis uma visão geral da dinâmica cerebral e das redes neuronais:

### 6.2.1 Neurónios e comunicação sináptica:

- Os neurónios são os blocos de construção fundamentais do cérebro e do sistema nervoso. Comunicam entre si através de ligações especializadas chamadas sinapses, onde são transmitidos sinais químicos e eléctricos.

- A comunicação neural envolve a geração de potenciais de ação (impulsos eléctricos) no neurónio transmissor, a libertação de neurotransmissores na sinapse e a receção de sinais pelos dendritos do neurónio recetor.

### 6.2.2 Redes Neuronais:

- As redes neuronais são conjuntos interligados de neurónios que formam circuitos funcionais no cérebro. Essas redes processam e integram informações de entradas sensoriais, estados internos e armazenamentos de memória para gerar respostas e comportamentos apropriados.

- Diferentes regiões do cérebro são especializadas em funções específicas, como a visão, a linguagem, o controlo motor e a emoção. As redes neuronais destas regiões apresentam padrões de conetividade e dinâmicas de atividade distintas, adaptadas às respectivas funções.

### 6.2.3 Padrões dinâmicos de atividade:

- A atividade cerebral é caracterizada por padrões dinâmicos de disparo e sincronização neural, que variam consoante as exigências da tarefa, as entradas ambientais e os estados internos.

O Universo Multifractal

- Os ritmos oscilatórios, como as ondas alfa, beta, gama e teta, reflectem a atividade neural coordenada em diferentes regiões do cérebro e pensa-se que desempenham um papel no processamento da informação, na atenção, na memória e na consciência.

### 6.2.4 Plasticidade e aprendizagem:

- As redes neuronais apresentam plasticidade, a capacidade de se adaptarem e reorganizarem em resposta à experiência, à aprendizagem e às alterações ambientais. Os mecanismos de plasticidade, como o reforço e a poda sináptica, estão na base da aprendizagem e da formação da memória.

- A potenciação a longo prazo (LTP) e a depressão a longo prazo (LTD) são processos celulares que melhoram ou enfraquecem as ligações sinápticas, respetivamente, contribuindo para a plasticidade sináptica e a aprendizagem.

### 6.2.5 Dinâmica das redes cerebrais:

- As redes cerebrais são entidades dinâmicas que evoluem ao longo do tempo em resposta a estímulos externos e estados internos. As redes funcionais do cérebro podem ser mapeadas utilizando técnicas como a ressonância magnética funcional (fMRI) e a eletroencefalografia (EEG), revelando padrões de conetividade e fluxo de informação.

- A organização em pequenos mundos, a modularidade e a estrutura hierárquica são características proeminentes das redes cerebrais, reflectindo um equilíbrio entre a especialização local e a integração global do processamento neural.

### 6.2.6 Modelos computacionais:

- Os modelos computacionais, tais como as redes neuronais artificiais (RNA) e as redes neuronais de estimulação (RNI), são utilizados para simular e estudar a dinâmica do processamento cerebral. Estes modelos captam os princípios da computação neural, da aprendizagem e da adaptação, fornecendo informações sobre a função e o comportamento do cérebro.

## 6.3 Propriedades multifractais dos ecossistemas

O conceito de multifractalidade tem sido cada vez mais aplicado ao estudo dos

O Universo Multifractal

ecossistemas, permitindo compreender os complexos padrões espaciais e temporais observados nos ambientes naturais. Os ecossistemas são sistemas dinâmicos e interligados que incluem organismos vivos (componentes bióticos) e o seu ambiente físico (componentes abióticos), que interagem e trocam energia e matéria. Eis como a análise multifractal pode ser aplicada para compreender as propriedades dos ecossistemas:

### 6.3.1 Heterogeneidade espacial:

- Os ecossistemas apresentam heterogeneidade espacial, com variações na distribuição das espécies, tipos de habitat e processos ecológicos em diferentes escalas espaciais. A análise multifractal pode quantificar os padrões espaciais e a heterogeneidade dos ecossistemas, caracterizando as propriedades de escala da biodiversidade, do coberto vegetal e da estrutura da paisagem.

- As dimensões fractais e os espectros multifractais podem ser utilizados para descrever a auto-similaridade e a complexidade dos padrões dos ecossistemas, tais como a distribuição da riqueza das espécies, a irregularidade dos habitats e a conetividade das redes ecológicas.

### 6.3.2 Dinâmica Temporal:

- Os ecossistemas sofrem flutuações temporais e mudanças de sucessão em resposta a variações sazonais, ciclos climáticos, perturbações e interacções ecológicas. A análise multifractal pode captar a dinâmica temporal e as propriedades de escala das variáveis dos ecossistemas, tais como a dinâmica das populações, a produtividade e o ciclo de nutrientes.

- A análise de flutuação multifractal detrendida (MFDFA) e os métodos baseados em wavelets podem ser aplicados para analisar o comportamento de escala multifractal de dados ecológicos de séries temporais, revelando padrões de persistência, variabilidade e intermitência na dinâmica dos ecossistemas.

### 6.3.3 Padrões de Biodiversidade:

- A biodiversidade é uma caraterística fundamental dos ecossistemas, representando a variedade e a abundância de espécies numa determinada área. A análise multifractal pode elucidar as propriedades de escala multifractal das distribuições da abundância das espécies, as relações espécie-área e os padrões de ocupação das espécies a várias escalas espaciais.

- As dimensões multifractais dos padrões de biodiversidade reflectem o grau de heterogeneidade e de agregação na distribuição das espécies, salientando a importância da estrutura espacial e dos gradientes ambientais na formação dos hotspots de biodiversidade e dos conjuntos de espécies.

### 6.3.4 Interacções ecológicas:

- Os ecossistemas são moldados por interacções complexas entre espécies, incluindo a competição, a predação, o mutualismo e a simbiose. A análise multifractal pode revelar as assinaturas multifractais das redes ecológicas, como as teias alimentares, as redes mutualistas e as interacções tróficas.

- Os espectros multifractais das redes de interação ecológica podem fornecer informações sobre o aninhamento, a modularidade e a resiliência dos ecossistemas, lançando luz sobre a estabilidade e a robustez das comunidades ecológicas face a perturbações e alterações ambientais.

### 6.3.5 Resiliência e gestão dos ecossistemas:

- A compreensão das propriedades multifractais dos ecossistemas é crucial para avaliar a sua resistência às perturbações ambientais, como a perda de habitat, as alterações climáticas e as espécies invasoras. A análise multifractal pode ajudar a identificar limiares críticos, pontos de rutura e mudanças de regime na dinâmica dos ecossistemas.

- Ao integrar a análise multifractal com a modelação ecológica e os quadros de tomada de decisões, os decisores políticos e os gestores de recursos podem desenvolver estratégias para a gestão sustentável dos ecossistemas, o planeamento da conservação e a conservação da biodiversidade.

## 6.4 Dinâmica evolutiva e biodiversidade

A dinâmica evolutiva e a biodiversidade são processos intrinsecamente ligados que moldam a diversidade da vida na Terra ao longo de escalas temporais geológicas. A dinâmica evolutiva refere-se aos mecanismos de variação genética, seleção natural e

O Universo Multifractal

adaptação que impulsionam a evolução das espécies e populações, enquanto a biodiversidade engloba a variedade e abundância de formas de vida nos ecossistemas. Eis como a dinâmica evolutiva influencia a biodiversidade:

### 6.4.1 Variação genética:

- A variação genética é a matéria-prima da evolução, fornecendo os traços hereditários sobre os quais actua a seleção natural. A variação genética surge através de processos como a mutação, a recombinação e o fluxo genético, conduzindo a diferenças de características entre indivíduos dentro das populações.

- Níveis mais elevados de variação genética nas populações aumentam o seu potencial adaptativo e a sua capacidade de resistência às alterações ambientais, contribuindo para a biodiversidade a nível genético.

### 6.4.2 Seleção natural:

- A seleção natural é o principal mecanismo de evolução, segundo o qual os indivíduos com características vantajosas têm maior probabilidade de sobreviver e de se reproduzir, o que leva à acumulação gradual de características benéficas nas populações ao longo do tempo.

- A seleção natural opera a vários níveis, incluindo a aptidão individual, a dinâmica populacional e as interacções entre espécies, moldando a distribuição de características e a composição das comunidades biológicas.

### 6.4.3 Adaptação:

- A adaptação é o processo pelo qual os organismos se tornam mais adequados aos seus ambientes através da evolução de características adaptativas. As adaptações podem ser morfológicas, fisiológicas, comportamentais ou ecológicas, permitindo que os organismos explorem nichos e recursos específicos de forma mais eficaz.

- A radiação adaptativa, em que uma única espécie ancestral se diversifica em múltiplas espécies descendentes adaptadas a diferentes nichos ecológicos, é um exemplo proeminente de diversificação evolutiva que conduz à biodiversidade.

### 6.4.4 Especiação:

- A especiação é o processo pelo qual novas espécies surgem de populações ancestrais através do isolamento reprodutivo e da divergência genética. A especiação pode ocorrer através de mecanismos como a especiação alopátrica (isolamento geográfico), a especiação simpátrica (dentro da mesma área geográfica) e a hibridação.

- Os fenómenos de especiação contribuem para a criação de diversidade de espécies e para a expansão da biodiversidade em diferentes habitats e ecossistemas.

### 6.4.5 Dinâmica da Extinção e da Diversidade:

- A extinção é um processo natural que ocorre quando as espécies deixam de existir a nível local ou global. As taxas de extinção são influenciadas por factores como a perda de habitat, as alterações climáticas, as espécies invasoras e as actividades humanas.

- A biodiversidade é mantida através de um equilíbrio dinâmico entre a especiação (a origem de novas espécies) e a extinção (a perda das espécies existentes). A taxa líquida de alteração da biodiversidade reflecte o equilíbrio entre estas forças opostas.

### 6.4.6 Interacções ecológicas:

- As interacções ecológicas, como a competição, a predação, o mutualismo e a simbiose, desempenham um papel crucial na definição das trajectórias evolutivas e na manutenção da biodiversidade nos ecossistemas. Estas interacções conduzem a processos coevolutivos e à diversificação das espécies em resposta a pressões ecológicas.

- Os hotspots de biodiversidade, regiões com níveis excepcionalmente elevados de riqueza e endemismo de espécies, coincidem frequentemente com zonas de elevada complexidade ecológica e interacções entre espécies.

# Capítulo 8: Aplicações e implicações

## 8.1 Multifractais em tecnologia e engenharia

Os multifractais têm encontrado numerosas aplicações na tecnologia e na engenharia devido à sua capacidade de captar as estruturas complexas e auto-similares inerentes a muitos sistemas naturais e de engenharia. Eis algumas áreas em que a análise multifractal tem sido aplicada:

### 8.1.1 Processamento de sinais e imagens:

- A análise multifractal é utilizada no processamento de sinais e imagens para caraterizar as estruturas e padrões complexos presentes em sinais e imagens. Tem aplicações em áreas como a compressão de imagens, a eliminação de ruído, a análise de texturas e o reconhecimento de padrões.

- No processamento de imagens, as técnicas multifractais podem quantificar a heterogeneidade espacial e a complexidade da textura das imagens, permitindo a extração de características significativas para tarefas de segmentação e classificação de imagens.

### 8.1.2 Telecomunicações e tráfego de rede:

- A análise multifractal é aplicada nas telecomunicações e na modelação do tráfego de rede para compreender a dinâmica complexa das redes de comunicação. Ajuda a modelar e a prever os padrões de tráfego da rede, a otimizar o desempenho da rede e a gerir o congestionamento.

- Os modelos multifractais podem captar a dependência de longo alcance e a auto-similaridade observadas nos dados de tráfego da rede, permitindo uma previsão mais exacta do tráfego e a atribuição de recursos nos sistemas de telecomunicações.

### 8.1.3 Mercados financeiros:

- A análise multifractal é utilizada nos mercados financeiros para modelar e analisar a dinâmica complexa dos preços dos activos, a volatilidade e os volumes de negociação. Ajuda a compreender a estrutura subjacente das séries cronológicas financeiras e a prever as tendências e flutuações do mercado.

- Os modelos multifractais podem captar as propriedades multifractais dos dados financeiros, como a distribuição de cauda gorda das variações de preços e as correlações de longo alcance na dinâmica do mercado, fornecendo informações sobre as ineficiências do mercado e as estratégias de gestão do risco.

### 8.1.4 Ciência e engenharia dos materiais:

- A análise multifractal é aplicada na ciência e engenharia dos materiais para caraterizar a microestrutura e as propriedades mecânicas dos materiais. Ajuda a compreender a geometria fractal das superfícies, interfaces e defeitos dos materiais, bem como a distribuição das dimensões dos poros em materiais porosos.

- Na engenharia de materiais, as técnicas multifractais são utilizadas para conceber e otimizar materiais com propriedades específicas, como a resistência, a condutividade e a permeabilidade. Ajudam também no controlo de qualidade e na deteção de defeitos nos processos de fabrico.

### 8.1.5 Dinâmica dos fluidos e turbulência:

- A análise multifractal é utilizada na investigação da dinâmica dos fluidos e da turbulência para estudar as estruturas complexas e as propriedades de escala dos fluxos turbulentos. Ajuda a compreender a cascata de energia e os fenómenos de intermitência observados em sistemas turbulentos.

- Os modelos multifractais podem caraterizar os espectros multifractais dos campos de velocidade, as distribuições de vorticidade e as taxas de dissipação de energia turbulenta, fornecendo informações sobre as propriedades estatísticas dos fluxos turbulentos e o seu impacto em aplicações de engenharia como a aerodinâmica e a hidrodinâmica.

### 8.1.6 Monitorização Ambiental e Ciências da Terra:

- A análise multifractal é aplicada na monitorização ambiental e nas ciências da terra para analisar padrões espaciais e temporais em dados ambientais, como a precipitação, a temperatura, a humidade do solo e a qualidade do ar.

- As técnicas multifractais ajudam a quantificar a heterogeneidade espacial e as propriedades de escala das variáveis ambientais, a identificar os pontos críticos de poluição e a avaliar o impacto das alterações da utilização dos solos e da variabilidade climática na dinâmica dos ecossistemas.

## 8.2 Monitorização e previsão ambiental

A monitorização e a previsão ambiental desempenham um papel crucial na compreensão do estado do ambiente, na avaliação dos riscos ambientais e na tomada de decisões informadas para gerir e atenuar os impactos ambientais. Estes processos envolvem a recolha, análise e interpretação de dados sobre vários parâmetros ambientais, bem como o desenvolvimento de modelos para prever as condições ambientais futuras. Eis como são efectuadas a monitorização e a previsão ambientais:

### 8.2.1 Recolha de dados:

- A monitorização ambiental começa com a recolha de dados sobre parâmetros ambientais fundamentais, como a qualidade do ar, a qualidade da água, as propriedades do solo, a biodiversidade e as variáveis climáticas. Os dados podem ser recolhidos a partir de uma variedade de fontes, incluindo estações de monitorização terrestres, observações por satélite, tecnologias de teledeteção e iniciativas de ciência cidadã.

- As redes de monitorização são estabelecidas para recolher medições contínuas ou periódicas de variáveis ambientais a várias escalas espaciais e temporais, fornecendo uma imagem abrangente das condições ambientais ao longo do tempo.

### 8.2.2 Análise e interpretação de dados:

- Uma vez recolhidos, os dados ambientais são analisados e interpretados para identificar tendências, padrões e anomalias nos parâmetros ambientais. As técnicas de análise estatística, as ferramentas de visualização de dados e os sistemas de informação geográfica (SIG) são normalmente utilizados para analisar dados ambientais e gerar visualizações e mapas informativos.

- A análise de dados ajuda a compreender a dinâmica espacial e temporal dos processos ambientais, a identificar fontes de poluição, a avaliar os riscos para a saúde ambiental e a detetar alterações nas condições dos ecossistemas.

### 8.2.3 Modelação e previsão:

- A previsão ambiental envolve o desenvolvimento e a utilização de modelos matemáticos para simular processos ambientais, prever condições ambientais futuras e avaliar os impactos potenciais das actividades humanas e dos fenómenos naturais no ambiente.

- Os modelos ambientais podem basear-se em princípios físicos, relações empíricas, métodos estatísticos ou algoritmos de aprendizagem automática, consoante a complexidade do sistema ambiental e a disponibilidade de dados.

- Os modelos são utilizados para prever uma vasta gama de fenómenos ambientais, incluindo padrões meteorológicos e climáticos, qualidade do ar e da água, dinâmica ecológica, riscos naturais como furacões e inundações, e a propagação de poluentes e contaminantes no ambiente.

### 8.2.4 Apoio à decisão e gestão:

- Os resultados da monitorização e previsão ambiental são utilizados para informar a tomada de decisões e as estratégias de gestão ambiental a vários níveis, incluindo agências governamentais, indústria, universidades e comunidades.

- Os sistemas de apoio à decisão (DSS) e as ferramentas de gestão ambiental são desenvolvidos para integrar dados ambientais, modelos e contributos das partes interessadas, facilitando a avaliação de riscos, a análise de cenários e as abordagens de gestão adaptativa.

- A monitorização e a previsão ambiental contribuem para o desenvolvimento de políticas e regulamentos destinados a proteger a saúde pública, a conservar os recursos naturais e a promover práticas de desenvolvimento sustentável.

### 8.2.5 Comunicação e divulgação:

- A comunicação eficaz de informações ambientais é essencial para aumentar a consciencialização do público, fomentar o envolvimento da comunidade e promover a gestão ambiental. Os dados e as previsões de monitorização ambiental são comunicados aos decisores políticos, às partes interessadas e ao público em geral através de vários canais, incluindo sítios Web, relatórios, reuniões públicas e programas de sensibilização educativa.

- A transparência, a acessibilidade e a credibilidade da informação ambiental são cruciais para criar confiança e facilitar a tomada de decisões informadas e a participação do público nos processos de gestão ambiental.

## 8.3 Aplicações biomédicas

As aplicações biomédicas da monitorização e previsão ambiental envolvem a utilização de dados, modelos e tecnologias ambientais para avaliar e gerir riscos para a saúde, compreender padrões de doença e apoiar intervenções de saúde pública. Estas aplicações fazem a ponte entre os domínios da ciência ambiental, da epidemiologia e dos cuidados de saúde para abordar uma vasta gama de questões relacionadas com a saúde. Eis algumas das principais aplicações biomédicas:

### 8.3.1 Qualidade do ar e saúde respiratória:

- A monitorização ambiental da qualidade do ar ajuda a avaliar as concentrações de poluentes como as partículas (PM), o dióxido de azoto ($NO2$), o dióxido de enxofre ($SO2$), o ozono ($O3$) e os compostos orgânicos voláteis (COV) na atmosfera.

- Estudos epidemiológicos associaram a exposição a poluentes atmosféricos a doenças respiratórias como a asma, a doença pulmonar obstrutiva crónica (DPOC) e o cancro do pulmão. Os dados de monitorização ambiental são utilizados para identificar áreas de alto risco, acompanhar os níveis de poluentes ao longo do tempo e informar as intervenções de saúde pública para reduzir a exposição e mitigar os impactos na saúde.

### 8.3.2 Qualidade da água e doenças infecciosas:

- A monitorização dos parâmetros de qualidade da água, incluindo a contaminação microbiana, os poluentes químicos e os níveis de nutrientes, é fundamental para avaliar a segurança das fontes de água potável e das massas de água para fins recreativos.

- A vigilância ambiental de agentes patogénicos transmitidos pela água, como bactérias, vírus e parasitas, ajuda a detetar surtos de doenças transmitidas pela água, como a cólera, a febre tifoide, o norovírus e a criptosporidiose. A deteção precoce e a monitorização de agentes patogénicos transmitidos pela água podem facilitar uma resposta rápida e medidas de controlo para evitar a propagação de doenças infecciosas.

### 8.3.3 Doenças transmitidas por vectores:

- Factores ambientais como a temperatura, a humidade, a precipitação e a utilização dos solos desempenham um papel fundamental na dinâmica de transmissão de doenças transmitidas por vectores, como a malária, a febre de dengue, o vírus Zika e a doença de Lyme.

- Os dados de monitorização ambiental, associados a modelos matemáticos de transmissão de doenças, são utilizados para prever a distribuição espacial e temporal das populações de vectores e o risco de doença, identificar pontos críticos de transmissão e orientar estratégias de controlo de vectores, como a pulverização de insecticidas e a modificação do habitat.

### 8.3.4 Alterações climáticas e impactos na saúde:

- As alterações climáticas afectam a saúde humana através de múltiplas vias, incluindo alterações nos extremos de temperatura, nos padrões de precipitação, nas catástrofes naturais, na qualidade do ar e na distribuição de doenças infecciosas.

- A monitorização ambiental e a modelização climática ajudam a avaliar os impactos das alterações climáticas na saúde, a projetar as tendências futuras das doenças relacionadas com o calor, das doenças respiratórias, das doenças de origem alimentar e das doenças transmitidas por vectores e a desenvolver estratégias de adaptação para proteger as populações vulneráveis.

### 8.3.5 Ambiente construído e saúde:

- A monitorização ambiental da qualidade do ar interior, dos níveis de ruído, do conforto térmico e dos sistemas de ventilação dos edifícios é importante para manter ambientes interiores saudáveis em casas, locais de trabalho, escolas e instalações de cuidados de saúde.

- A má qualidade do ambiente interior pode contribuir para problemas respiratórios, reacções alérgicas, doenças cardiovasculares, perturbações da saúde mental e outros problemas de saúde. Os dados de monitorização ambiental são utilizados para identificar os poluentes de interiores, avaliar os riscos de exposição e aplicar medidas para melhorar a qualidade do ar interior e a saúde dos ocupantes.

### 8.3.6 Abordagem de uma só saúde:

- A abordagem "Uma Só Saúde" reconhece a interconexão entre a saúde humana, a saúde animal e a saúde ambiental, realçando os esforços de colaboração para enfrentar desafios complexos em matéria de saúde na interface entre os seres humanos, os animais e os ecossistemas.

- As aplicações biomédicas da monitorização e previsão ambiental apoiam a abordagem "Uma Só Saúde", fornecendo avaliações integradas das exposições ambientais, dos riscos de doença e dos resultados em termos de saúde, promovendo a investigação e a colaboração interdisciplinares e fomentando abordagens holísticas para a prevenção e o controlo das doenças.

# Capítulo 9: Desafios e direcções futuras

Embora a análise multifractal tenha emergido como uma ferramenta poderosa para estudar sistemas complexos em várias disciplinas, existem vários desafios e oportunidades que moldam as futuras direcções da investigação multifractal. A resposta a estes desafios e o aproveitamento de tecnologias emergentes podem fazer avançar a nossa compreensão dos fenómenos multifractais e das suas aplicações. Eis alguns dos principais desafios e direcções futuras no estudo dos multifractos:

## 9.1 Desenvolvimentos metodológicos:

- **Desafio:** A análise multifractal requer frequentemente técnicas matemáticas e algoritmos computacionais sofisticados, o que pode constituir um desafio para os investigadores sem conhecimentos especializados. Além disso, os métodos multifractais existentes podem ter limitações na captação de toda a complexidade dos dados do mundo real, como a não-estacionariedade, o ruído e a escassez de dados.

- **Direcções futuras:** O avanço dos desenvolvimentos metodológicos na análise multifractal envolve o aperfeiçoamento das técnicas existentes, o desenvolvimento de novos algoritmos e a integração de abordagens complementares de domínios como a teoria da informação, a aprendizagem automática e a dinâmica não linear. O reforço da robustez, precisão e escalabilidade dos métodos multifractais pode alargar a sua aplicabilidade a diversos conjuntos de dados e domínios de investigação.

## 9.2 Qualidade e disponibilidade dos dados:

- **Desafio:** A análise multifractal depende de dados de alta qualidade com cobertura, resolução e granularidade temporal/espacial suficientes. No entanto, a obtenção desses dados pode ser um desafio, particularmente em contextos de investigação interdisciplinares em que os dados podem ser escassos, heterogéneos ou sujeitos a erros de medição.

- **Direção futura:** A melhoria da qualidade e disponibilidade dos dados para a análise multifractal requer esforços de colaboração entre investigadores, fornecedores de dados e agências de financiamento para promover a partilha de dados, a normalização e as iniciativas de acesso livre. O aproveitamento de tecnologias emergentes, como a deteção remota, as redes de sensores e a ciência cidadã, pode expandir o âmbito e a acessibilidade dos dados ambientais adequados para a análise multifractal.

## 9.3 Integração interdisciplinar:

- **Desafio:** A investigação multifractal abrange várias disciplinas, incluindo a física, a matemática, a ecologia, as finanças e a engenharia, cada uma com a sua própria terminologia, metodologias e paradigmas de investigação. Ultrapassar estas fronteiras disciplinares e promover a colaboração interdisciplinar pode ser um desafio, mas é essencial para o avanço da ciência multifractal.

- **Direção futura: A** promoção da integração interdisciplinar na investigação multifractal envolve a criação de plataformas para a troca de conhecimentos, programas de formação interdisciplinar e redes de investigação colaborativa que reúnam investigadores de diversas origens. O estabelecimento de quadros comuns, terminologia e melhores práticas pode facilitar a comunicação e a colaboração entre disciplinas, promovendo sinergias e inovação na ciência multifractal.

### 9.4 Modelação de sistemas complexos:

- **Desafio:** A análise multifractal é frequentemente aplicada ao estudo de sistemas complexos caracterizados por dinâmicas não lineares, fenómenos emergentes e estruturas hierárquicas. No entanto, a modelação e a simulação de tais sistemas complexos colocam desafios devido à sua incerteza inerente, não linearidade e sensibilidade às condições iniciais.

- **Direção futura:** O avanço da modelação de sistemas complexos implica o desenvolvimento de modelos mais realistas e preditivos que captem as propriedades multifractais dos fenómenos do mundo real. A integração da análise multifractal com a modelação baseada em agentes, a teoria das redes e a teoria dos sistemas dinâmicos pode melhorar a nossa compreensão da dinâmica dos sistemas complexos e dos comportamentos emergentes.

### 9.5 Aplicações e impacto:

- **Desafio:** Embora a análise multifractal se tenha revelado promissora em várias aplicações, a tradução dos resultados da investigação em soluções práticas e com impacto no mundo real continua a ser um desafio. A identificação de aplicações relevantes, a demonstração da proposta de valor das abordagens multifractais e a resposta às necessidades das partes interessadas são fundamentais para maximizar o impacto social da investigação multifractal.

- **Direção futura:** A expansão das aplicações e do impacto da investigação multifractal envolve o envolvimento de partes interessadas do meio académico, da indústria, do governo e da sociedade civil para co-desenvolver soluções que abordem desafios do mundo real. A realização de estudos de casos, projectos-piloto e iniciativas de transferência de tecnologia podem demonstrar a utilidade das abordagens multifractais na resolução de problemas específicos em domínios como a monitorização ambiental, as finanças, os cuidados de saúde e a engenharia.

# Bibliografia


1. Fama, E. F. (1965). The behavior of stock-market prices. *The journal of Business,* *55*(1), 34-105.

2. Black, F., & Scholes, M. (2019). A precificação de opções e passivos corporativos. Em *World Scientific Reference on Contingent Claims Analysis in Corporate Finance: Volume 1: Foundations of CCA and Equity Valuation* (pp. 3-21).

3. Jensen, M. C., Black, F., & Scholes, M. S. (1972). The capital asset pricing model: Some empirical tests.

4. Blattberg, R. C., & Gonedes, N. J. (2010). Uma comparação entre o sistema estável Em *Perspectives on promotion and database marketing: The collected works of robert c blattberg* (pp. 25-61).

5. Mandelbrot, B. (1967). A variação de alguns outros preços especulativos. *The Journal of Business, 40(4),* 393-413.

6. Engle, R. (1995). *ARCH: selected readings.* Oxford University Press.

7. Engle, R. F. (1982). Heteroscedasticidade condicional autoregressiva com estimativas da variância da inflação no Reino Unido. *Econometrica: Journal of the econometric society,* 987-1007.

8. Mandelbrot, B. B., Fisher, A. J., & Calvet, L. E. (1997). A multifractal model of asset returns.

yes **I want** morebooks!

Buy your books fast and straightforward online - at one of world's fastest growing online book stores! Environmentally sound due to Print-on-Demand technologies.

Buy your books online at
**www.morebooks.shop**

Compre os seus livros mais rápido e diretamente na internet, em uma das livrarias on-line com o maior crescimento no mundo! Produção que protege o meio ambiente através das tecnologias de impressão sob demanda.

Compre os seus livros on-line em
**www.morebooks.shop**

Printed by Books on Demand GmbH, Norderstedt / Germany